INDOOR DESIGN HAND-DRAWING

室内设计手绘

施 平 著

辽宁美术出版社

图书在版编目（CIP）数据

室内设计手绘 / 施平著. — 沈阳：辽宁美术出版
社，2020.7
ISBN 978-7-5314-8414-1

Ⅰ．①室… Ⅱ．①施… Ⅲ．①室内装饰设计－绘画技
法 Ⅳ．①TU204

中国版本图书馆CIP数据核字（2019）第160108号

出 版 者：辽宁美术出版社
地　　址：沈阳市和平区民族北街29号　邮编：110001
发 行 者：辽宁美术出版社
印 刷 者：辽宁新华印务有限公司
开　　本：889mm×1194mm　1/16
印　　张：13.5
字　　数：180千字
出版时间：2020年7月第1版
印刷时间：2020年7月第1次印刷
责任编辑：彭伟哲
版式设计：王　楠
责任校对：郝　刚
书　　号：ISBN 978-7-5314-8414-1
定　　价：69.80元

邮购部电话：024-83833008
E-mail：lnmscbs@163.com
http://www.lnmscbs.cn
图书如有印装质量问题请与出版部联系调换
出版部电话：024-23835227

概　述

室内手绘是针对从事室内设计和将要从事此行业人员的专业技能训练。

学习宗旨

零基础学习，逐步引导，以由浅入深的方式循序渐进，并结合一些实际设计案例进行训练，让大家在短时间内熟练掌握设计手绘技能。

学习内容

线条练习、单体组合练习、透视空间练习、马克笔练习、手绘方案练习等。

"快速"和"感染力"是学习的重点

设计师第一次接待客户时需要在很短的时间内取得客户的信任。因此，设计师能否"快速"地表现出客户的装修想法和自己的方案设计意图，以及是否表现得有"感染力"就显得非常重要。

这就需要设计师在动笔时能很好地跟客户沟通，充分地了解客户的真实需求，在此基础上，认真研究空间格局和空间尺度，发现并找出存在的问题，迅速提出解决问题的初步意见和方法，并归纳、整理出具有一定建设性和艺术风格特点的设计构想。最后，用手绘的艺术形式快速表现出来。

"基础"是要点

线条是组成画面最"基础"的元素，无论是平面图、立面图、剖面图，还是单体、组合或成品效果图，其中的每个细节都是由不同的线条通过丰富的变化组合而成。因而，在手绘中，练好线条是画好整幅作品的最基础的要点。

目　录

第一章　线稿基础篇

第二章　线稿案例篇

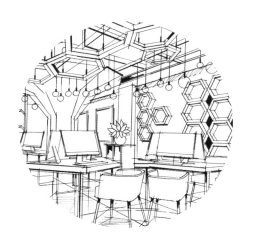

第三章　上色基础篇

第四章　上色案例篇

第一章

线稿
基础篇

第一节　手绘工具

　　手绘经常用到的工具有铅笔（自动铅笔）、签字笔（中性笔）、钢笔、马克笔、彩铅、平行尺、纸张（可选经济实用的复印纸，A3、A4 均可）等。

　　1. 铅笔：绘图铅笔不太好用，要经常削笔且种类、粗细、软硬繁杂，所以建议用自动铅笔。

　　2. 签字笔：品牌很多，选择出水流畅且不易跑墨的子弹头为宜。

　　3. 钢笔：只要不断墨就是好钢笔，也有很多人喜欢用美工笔。

　　4. 马克笔：市面上有很多种类的马克笔，有便宜的也有贵的，要选择个人比较喜欢且适用的。

　　5. 彩铅：可以选择水溶性彩铅，能溶于马克笔。

　　6. 平行尺：也叫滚尺。

　　7. 高光笔（修正液）：就是白笔。

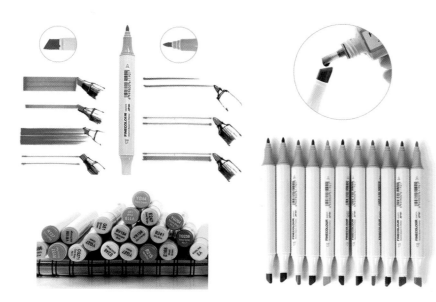

第二节　线条

　　线条是手绘学习最基础的部分，也是组成画面最基础的元素。无论是平面图、立体图，剖面图，还是单体、组合或成品效果图，其中的每个细节都是由不同的线条通过丰富的变化组合而成。因而，在室内设计手绘中，练好线条是画好整幅作品的关键。

一、直线

　　画直线要做到流畅、快速、清晰。下笔肯定、有力是画好直线的重要条件。很多同学会为如何才能把直线画直而困惑，其实不然，直线不一定非要画那么直。

　　画直线对握笔姿势及运笔方向都有一定的要求。握笔时，笔不要握得太靠近笔尖，手指与笔尖保留大概5cm的距离；运笔时，手腕不能随意转动，应处于固定状态，笔尖与所画直线成90°角，以小拇指为稳定点，水平移动手臂，这样就可以画出相对较直的线条。画直线时，尽量保持坐姿端正，把纸放正，眼睛与纸保持一定距离。

1. 快直线

　　快直线讲究起笔、运笔、收笔。起笔要快，运笔要肯定，收笔要稳，起笔、运笔、收笔保证在一条直线上，使得线条苍劲有力、肯定大气。

2. 慢直线

　　慢直线同样讲究起笔、运笔、收笔。起笔可回笔，运笔要慢、匀称，收笔要稳。

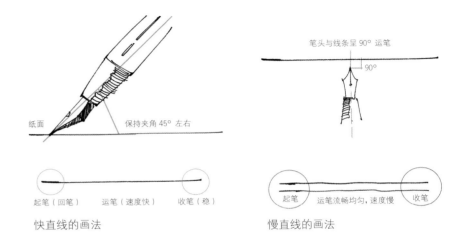

快直线的画法　　　　　　　　慢直线的画法

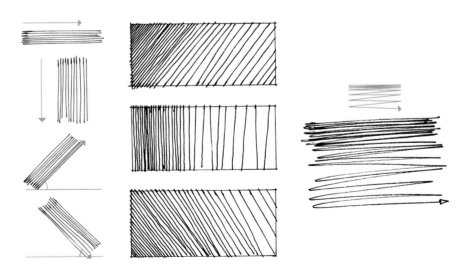

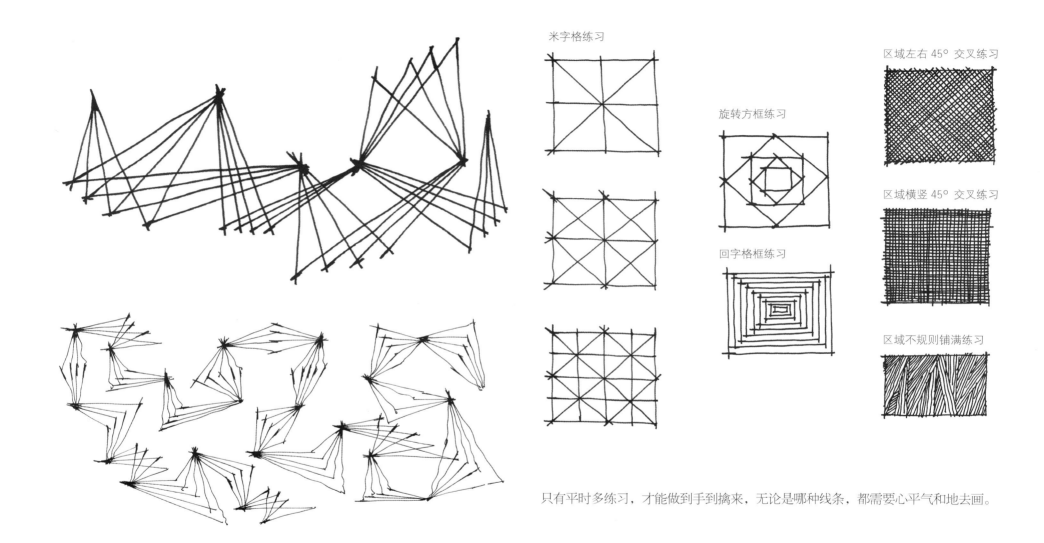

米字格练习

旋转方框练习

回字格框练习

区域左右 45° 交叉练习

区域横竖 45° 交叉练习

区域不规则铺满练习

只有平时多练习，才能做到手到擒来，无论是哪种线条，都需要心平气和地去画。

二、弧线与折线

弧线与折线在室内设计手绘中运用较多，涉及圆形、椭圆形的灯饰、配饰等的表现，另外还有室内盆栽植物的表现。

1. 弧线

初学者在画弧线的时候，用快线画不易画准确，可以选择用慢线条去表现。

2. 圆与椭圆线

在前期理解圆的透视关系，然后再画椭圆，同样用慢线条表现。

弧线用慢线表达

圆不容易表达，用米字格辅助

画椭圆练习

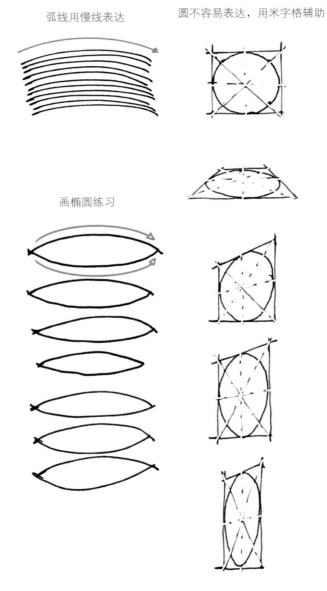

常用折线的几种类型

椭圆

① ② ③ ④

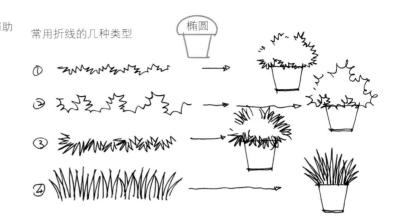

尽量临摹保持同样的凹凸曲折

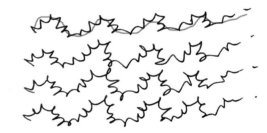

可以分 4 个区域方向练习

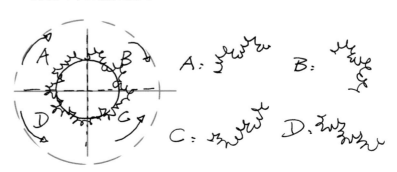

A: B:

C: D:

第三节　透视

一、一点（平行）透视

一点透视的特点是平行垂直不变，消失于一点，经常在单体、组合空间中用到。经常练习简单的一点透视体块，可以掌握透视感及比例感。

二、两点（成角）透视

两点透视的特点是垂直不变，消失于两点，经常在单体、局部空间中用到。画单体透视体块的练习，可以使后期画物体及局部空间更加快速。

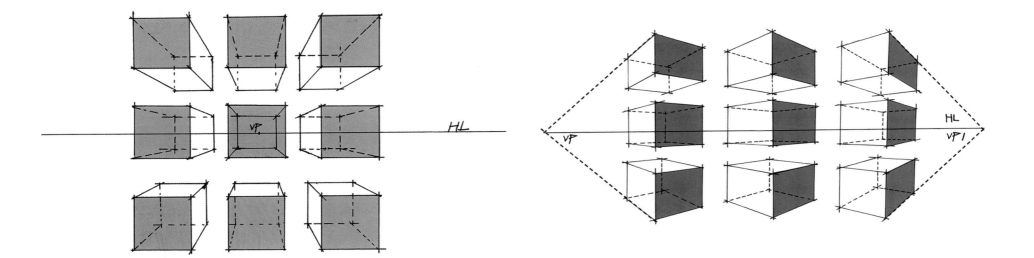

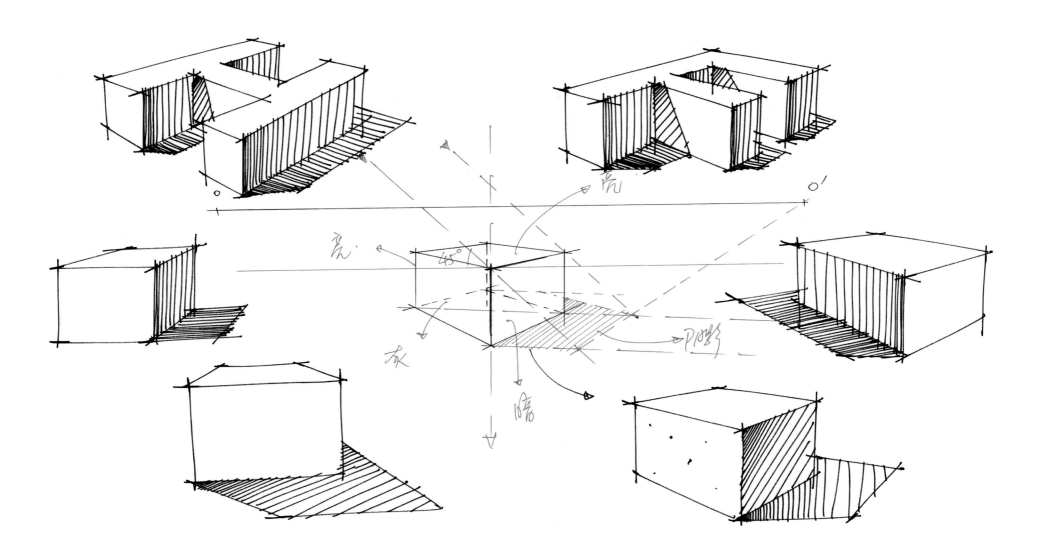

第四节　单体练习

一、一点透视（剖面）形体练习

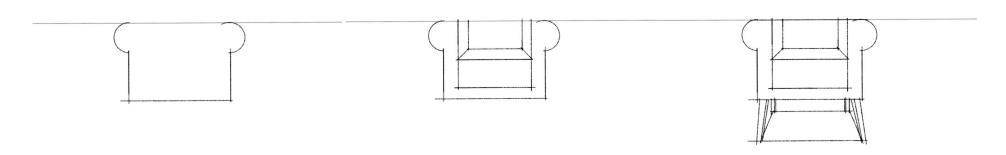

一点透视从外形的平面造型着手，然后添加内部结构，再根据透视原理画出其他部分。

二、两点透视（剖面）形体练习

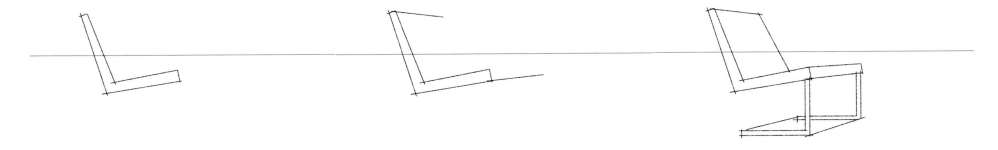

两点透视简单表现可抓取剖面造型，从剖面造型着手，然后根据透视原理画出其他部分。

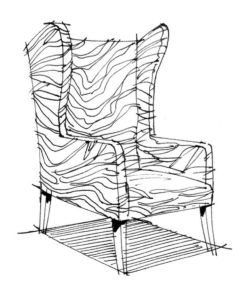

小

HL

有扶手的身体画在地平线上

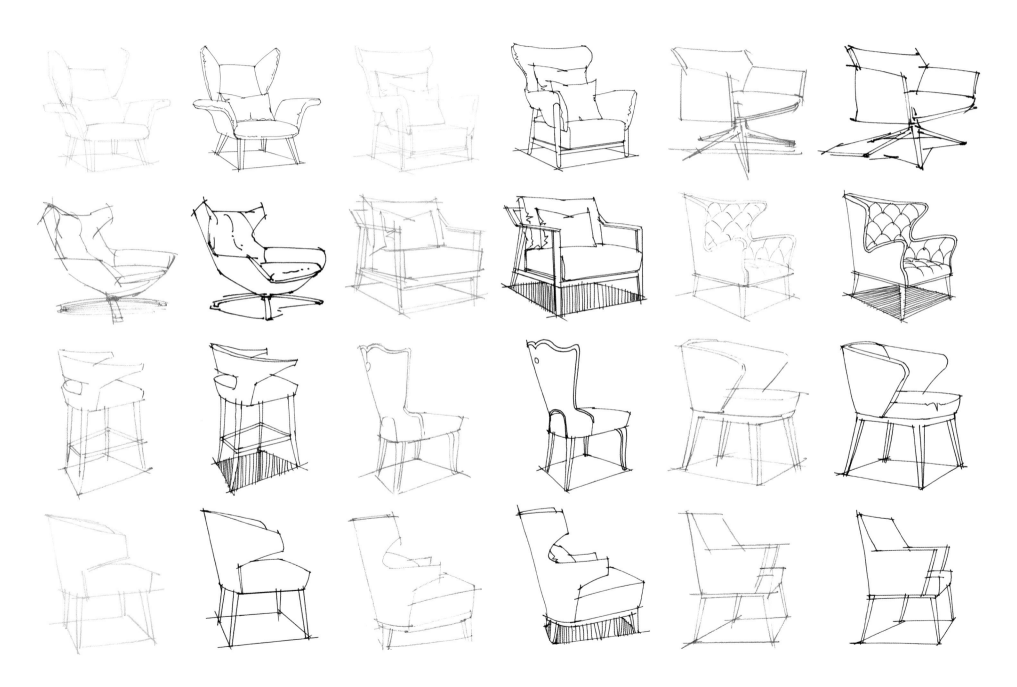

注意纹理的虚处理，
不一定要画满就是好！

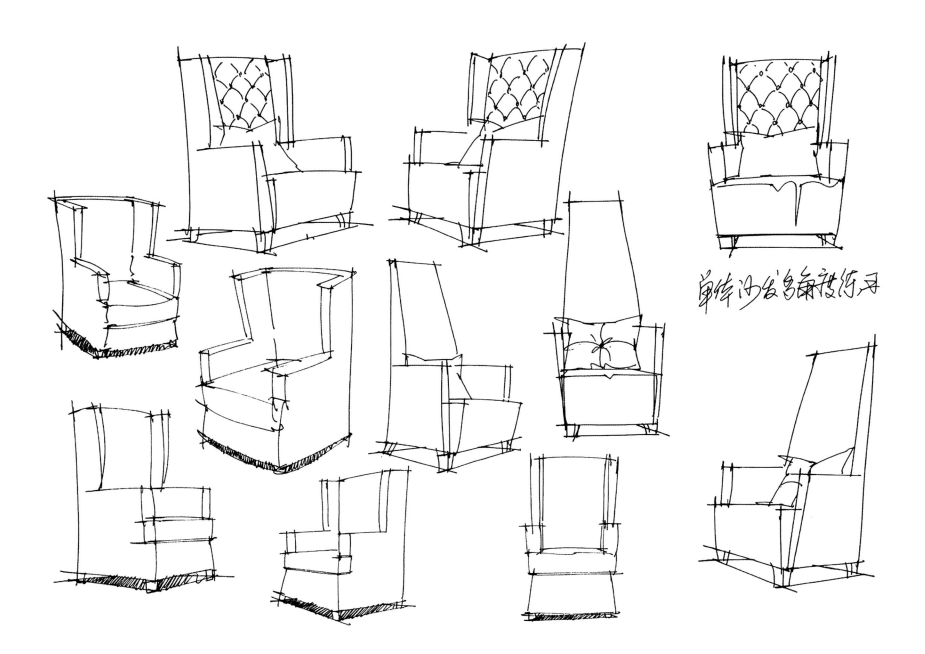

单体沙发线稿技法练习

第五节 组合练习

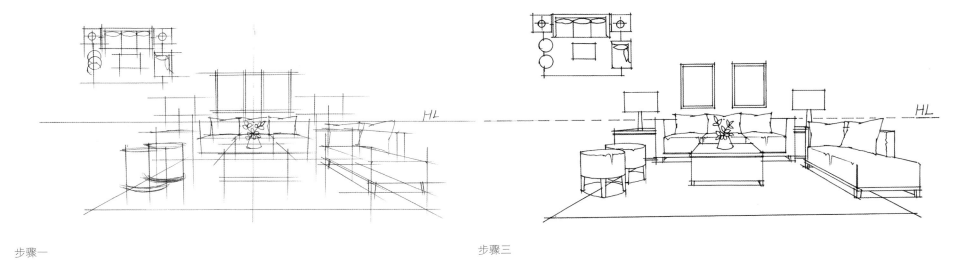

步骤一

步骤三

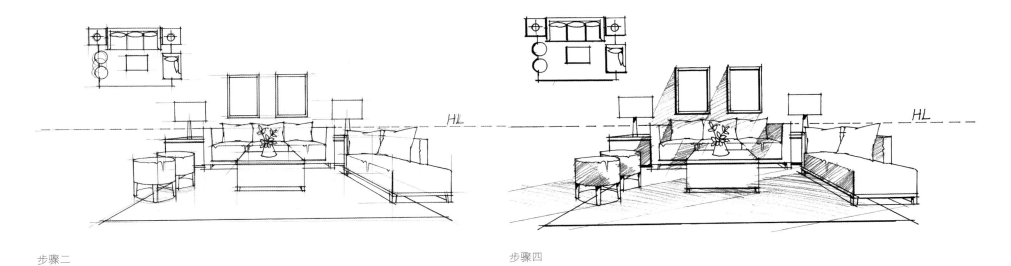

步骤二

步骤四

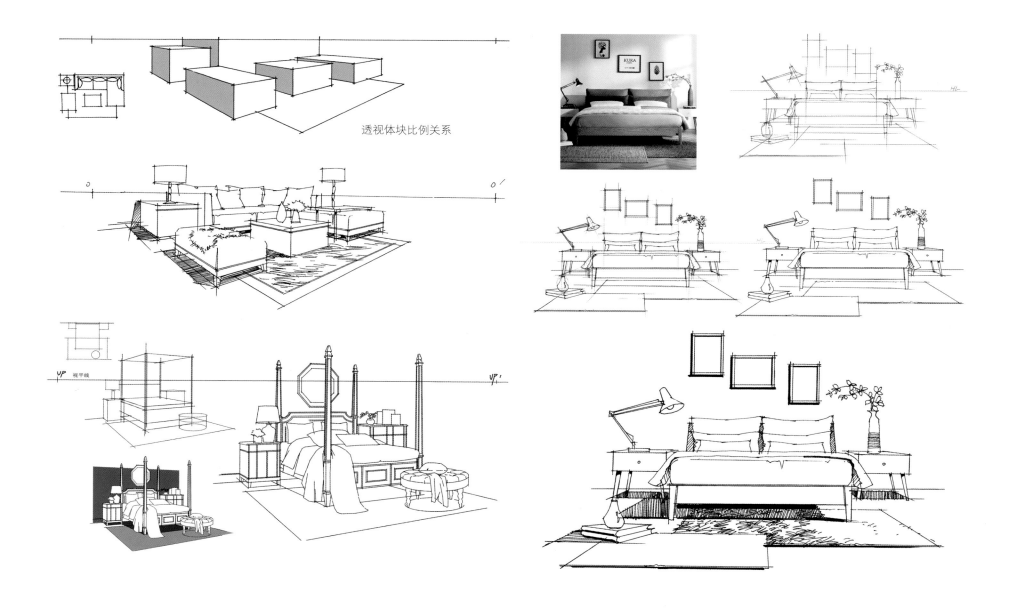

透视体块比例关系

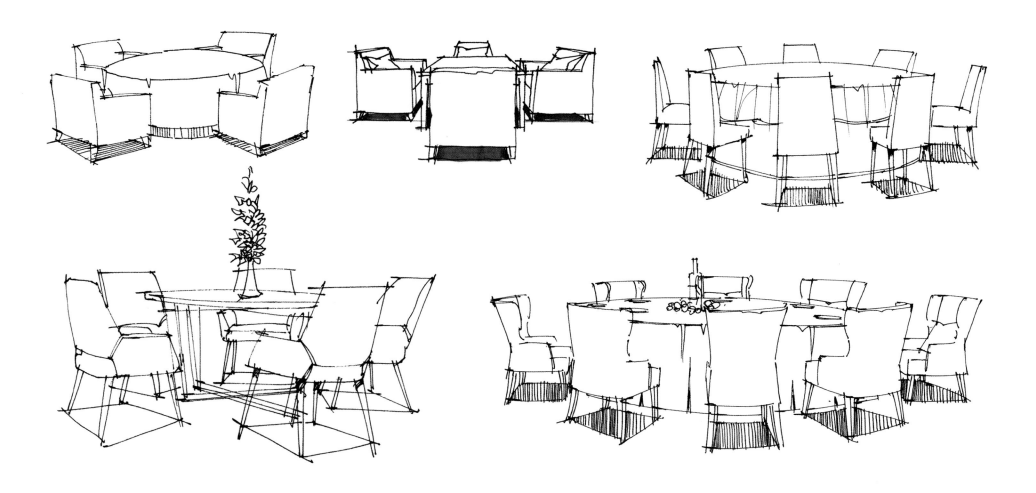

第六节　室内透视作图简要法则

一、一点透视

以一个宽 4m、高 3m、进深 5m 的室内空间为例，画一点透视。

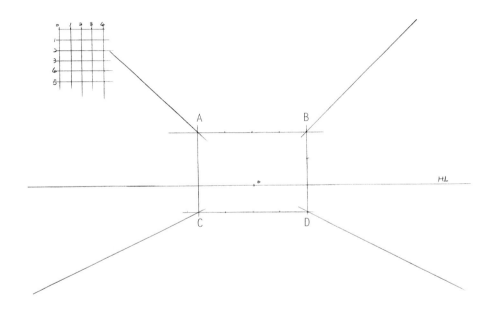

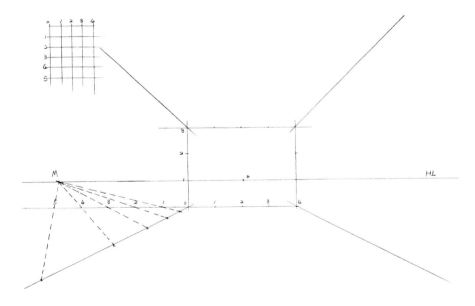

第一步：用一定的尺度比例缩放实际空间尺寸，本图按比例画出内墙 ABCD，视平线定在 1m 高度位置，然后任意定一个消失点，紧接着向 4 个顶点作各墙面、地面、顶面的进深线。

第二步：向左或向右延伸 CD 线到 5m 的位置，比例依然不变。再对空间进深尺度定位，可以按照透视原理反过来找测量点 M 在视平线上的位置。反过来连接延长线上的点跟视平线相交的点就是这张图的测量点 M。

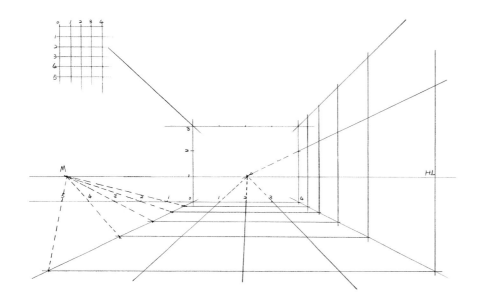

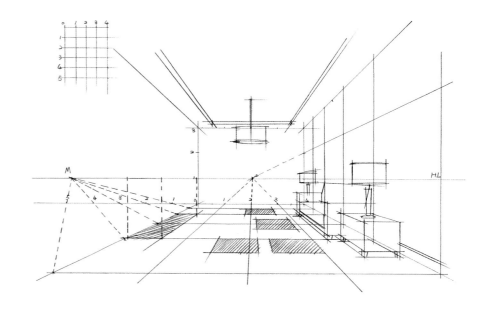

第三步：找到各个尺寸点，进行平行垂直推移，画出整个空间的尺度网格线。

第四步：结合室内常用家具尺寸数据，就可以相应找到各个家具在空间地面的投影位置，所有物体高度根据视平线高度推算，然后运用手绘基础技法把各个物体造型全部表现出来。

注意：以上只是根据透视概念原理的简洁作图，后期熟练方法后再删减部分烦琐步骤，只需要有个大概尺度表达，感觉一下空间尺度即可。

二、一点斜透视

同样以一个宽 4m、高 3m、进深 5m 的室内空间为例，画一点斜透视。
需要通过一点透视推移得出。

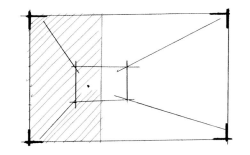
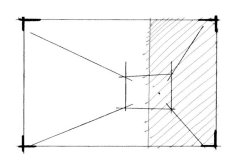

注意：针对构图来说，一点斜透视墙体内框会定在纸张的靠左或靠右位置，相应的消失点也需要靠左或靠右。

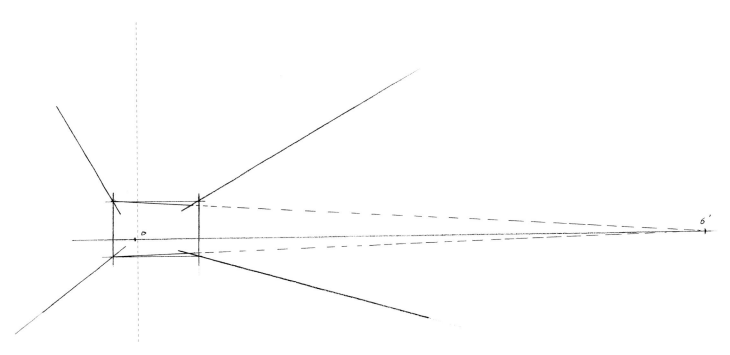

第一步：根据一点透视作图原则，在视平线的左边或右边远处再定一个消失点作为水平方向消失点，与两点透视原理相同。
然后连接消失点，得到空间内墙框架以及墙体进深线。

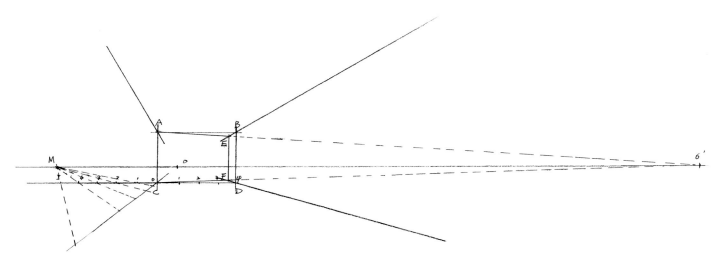

第二步：从图中可以看出，原一点透视的内框 ABCD 和一点斜透视的内框 AEFC 有一个明显的区别，前者是偏长方形，后者为梯形。另外，要注意测量点只能在不动边确定。

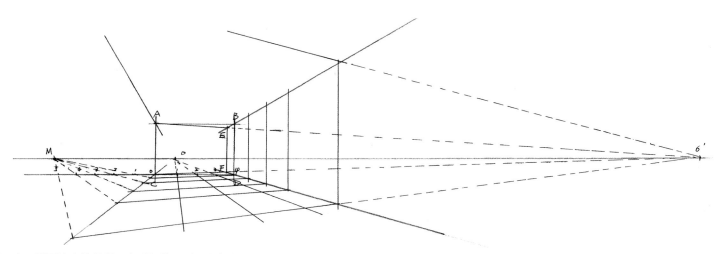

第三步：需要注意的是跟一点透视的区别，所有水平方向的线都发生了倾斜变化，消失于右边的点。

三、两点透视

两点透视有两个消失点，只有垂直方向不变，适合局部空间表现。

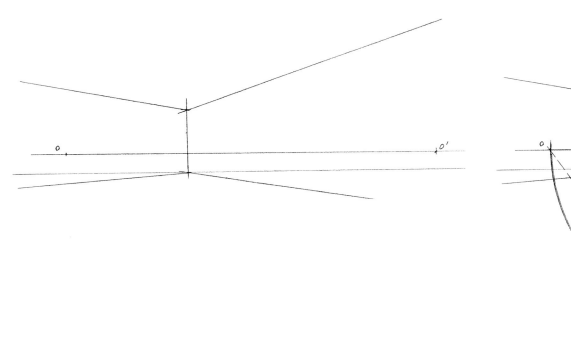

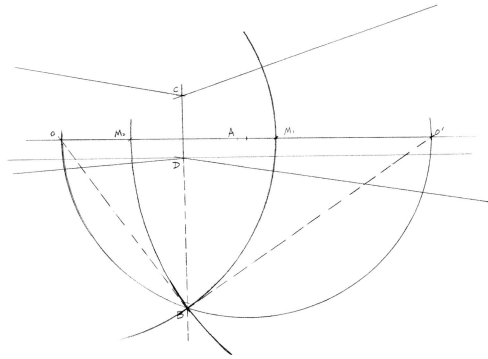

第一步：根据一定的比例定中心内墙高，然后同样定1m视平线的高度，确定两个消失点，画出两面墙的进深线。注意，必须定一个消失点近，一个消失点远，靠消失点远的一端为图面中心表现区域。

第二步：作中心墙高CD的延长线，再大概找出两个消失点的中心A点，然后以A为圆心画圆相交CD的延长线于B点，紧接着分别以两个消失点为圆心，以到B点的连线距离为半径画圆分别相交于视平线上M₁和M₂点。

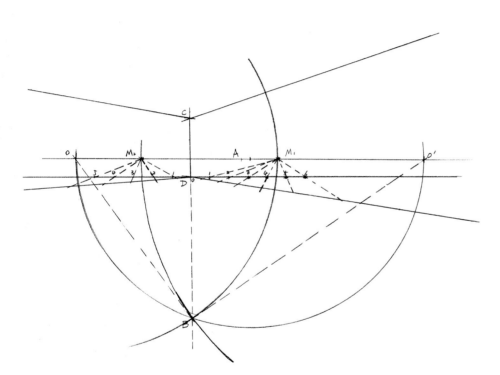

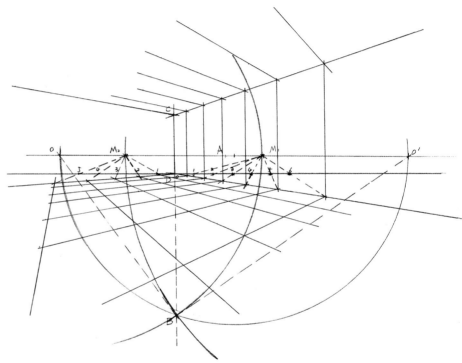

第三步：找到 M 点以后就可以连接线，求进深的尺寸点相交于实际进深线上每一个尺寸点。

第四步：把所有空间网格线画出即可找到空间地面、墙面、顶面所有尺寸。

第二章

线稿
案例篇

第一节　客厅案例

案例一

参考效果图

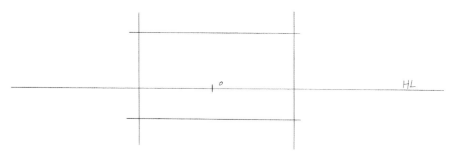

步骤一：运用一点透视原理（横平竖直，消失一点），大致画出内墙体宽和高，然后根据参考图定出视平线和消失点。

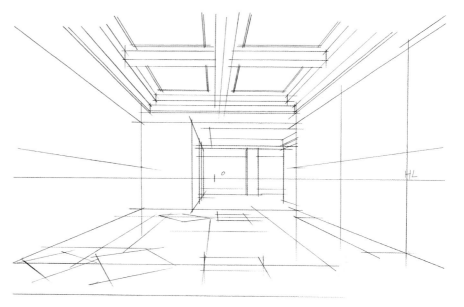

步骤二：在第一步的基础上，定出空间的各面中线，再把里面空间的墙体及其他空间结构画好，找出空间各个面的划分和家具地面阴影的大概位置。

步骤三：根据地面投影结合参考图，用铅笔勾勒每一件家具及其他物体的大概造型轮廓结构。

步骤四：在铅笔草稿的基础上，用签字笔或针管笔描绘，画的时候要适当清理、调整原始铅笔稿，及时更正以达到较好的效果（尽量保持画面干净整洁）。

步骤五：在签字笔结构图上进行加深及明暗细节的刻画，使画面黑、白、灰关系明确，也可以在马克笔上色的时候边画边加转折粗线和细节阴影。

案例二

参考效果图

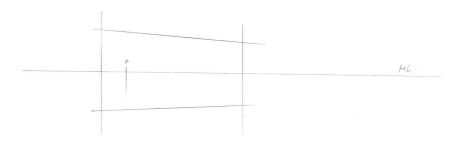

步骤一：运用一点斜透视原理（跟二点透视原理相似），大致画出内墙体宽和高，然后根据参考图定出视平线和消失点。

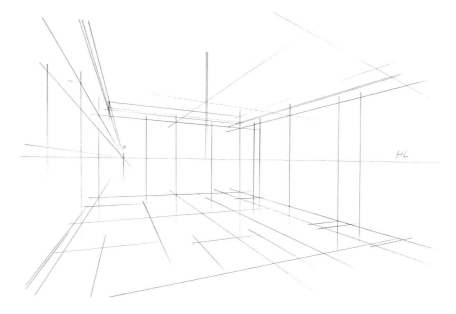

步骤二：在第一步的基础上，定出空间的各面中线，再把吊顶及其他墙体结构位置画好，找出空间各个面的划分和家具地面阴影的大概位置。

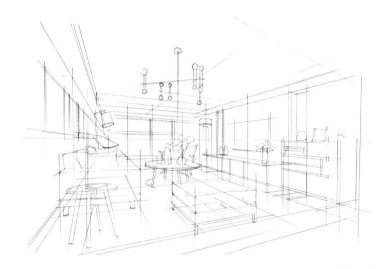

步骤三：根据地面投影结合参考图，用铅笔勾勒每一件家具及其他物体的大概造型轮廓结构。

步骤四：在铅笔草稿的基础上，用签字笔或针管笔描绘。

步骤五：在签字笔结构图上进行加深及明暗细节的刻画，使画面黑、白、灰关系明确。

案例三

参考效果图

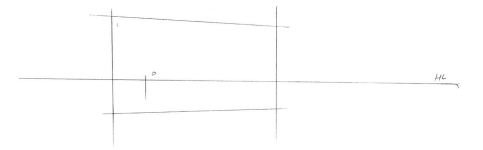

步骤一

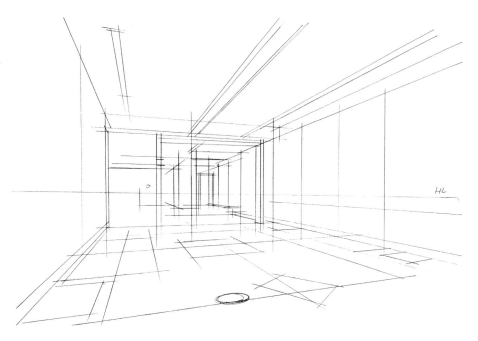

步骤二

步骤三

步骤五

步骤四

案例四

参考效果图

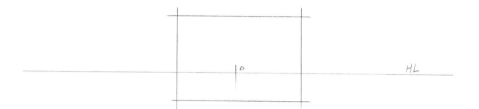

步骤一

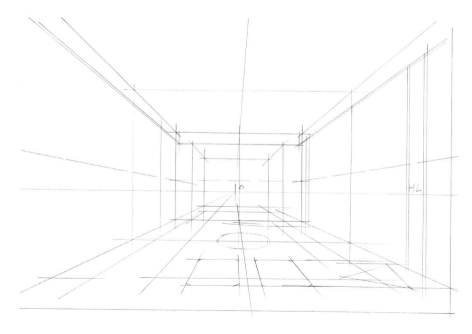

步骤二

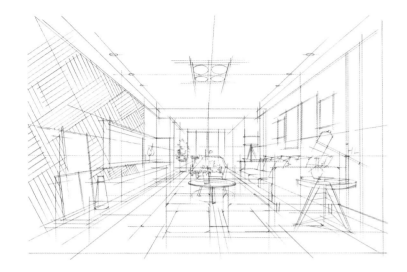

步骤三

步骤五

步骤四

案例五

参考效果图

步骤一

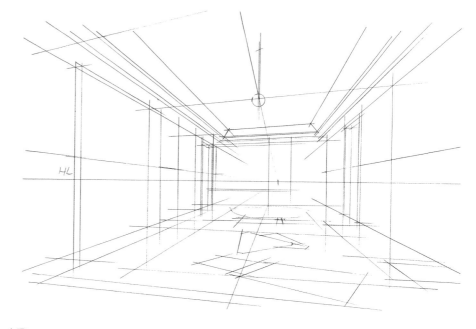

步骤二

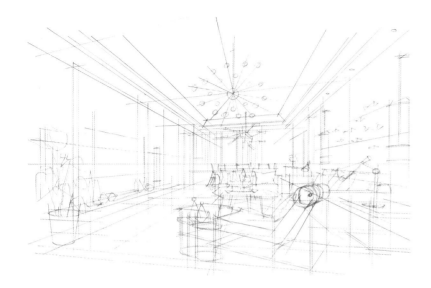

步骤三

步骤四

步骤五

案例六

参考效果图

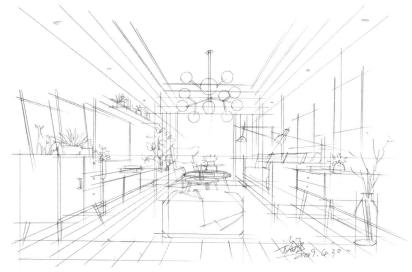

步骤一

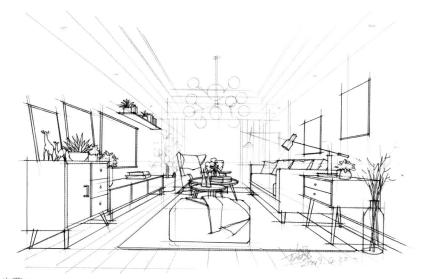

步骤二

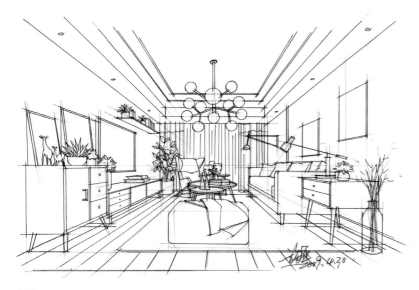

步骤三

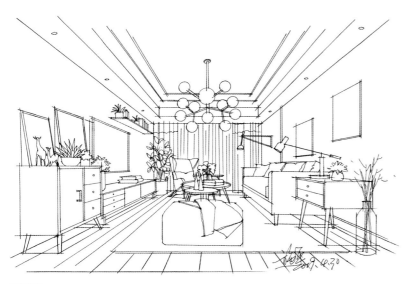

步骤四

步骤五

第二节 卧室案例

案例一

参考效果图

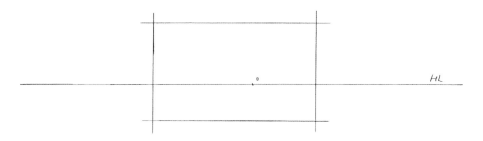

步骤一

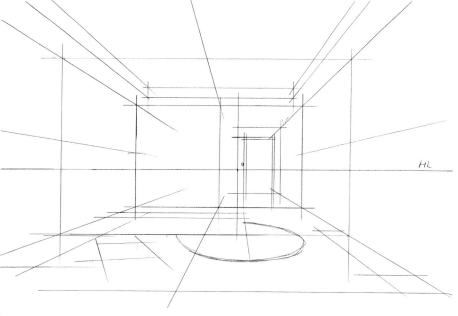

步骤二

步骤三

步骤五

步骤四

案例二

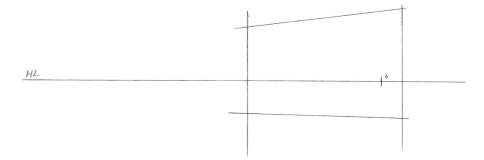

步骤一

参考效果图

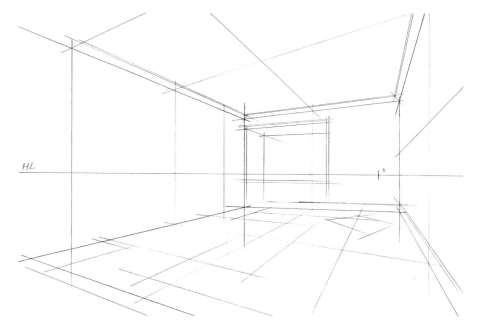

步骤二

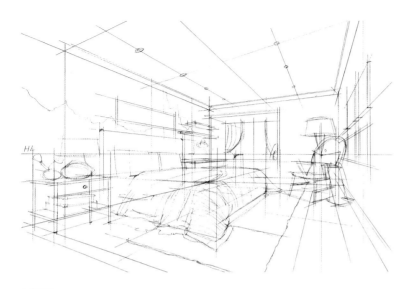

步骤三

步骤五

步骤四

案例三

参考效果图

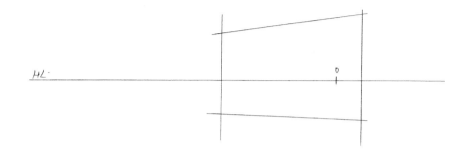

步骤一

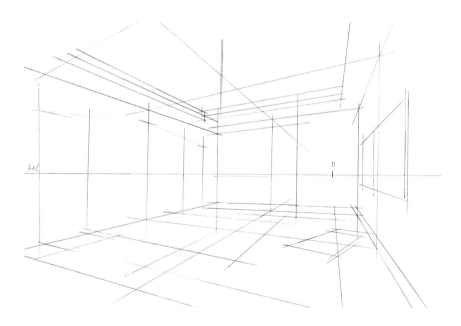

步骤二

步骤三

步骤五

步骤四

案例四

参考效果图

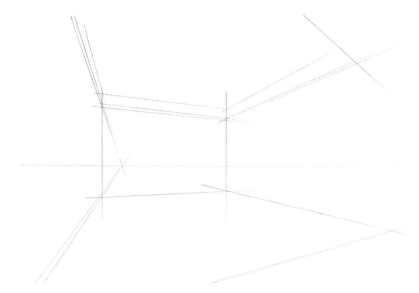

步骤一

步骤二

步骤三

步骤四

步骤五

案例五

参考效果图

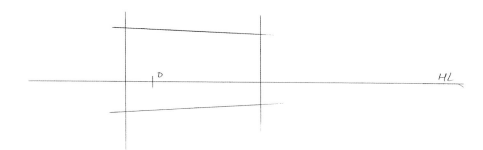

步骤一

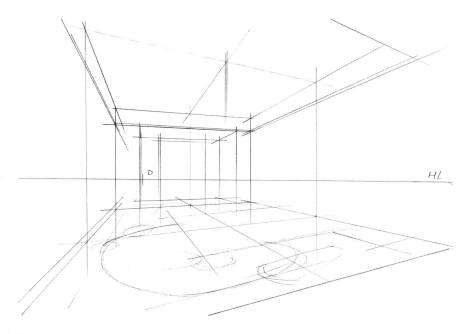

步骤二

步骤三

步骤四

步骤五

第三节 办公空间案例

案例一

参考效果图

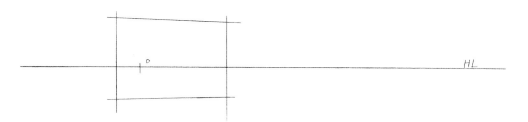

步骤一

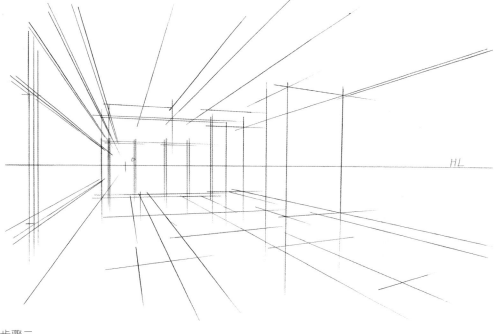

步骤二

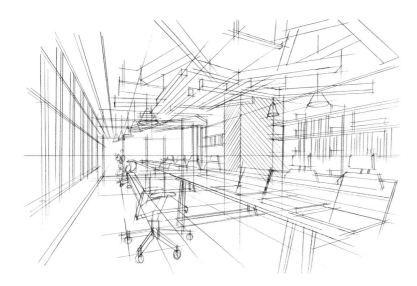

步骤三

步骤四

步骤五

案例二

参考效果图

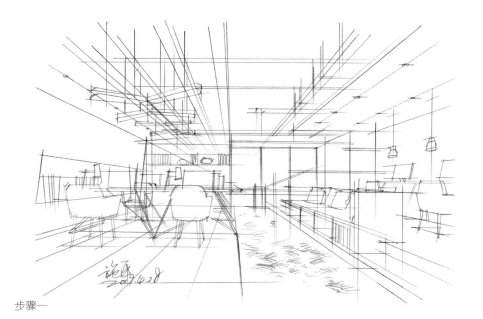

步骤一

步骤二

步骤三

步骤四

步骤五

案例三

参考效果图

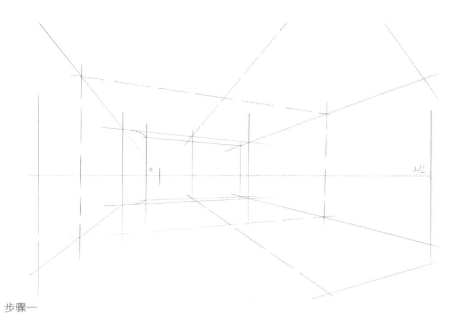

步骤一

步骤二

步骤三

步骤四

步骤五

案例四

参考效果图

步骤一

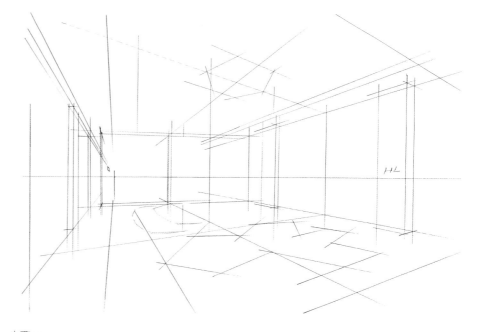

步骤二

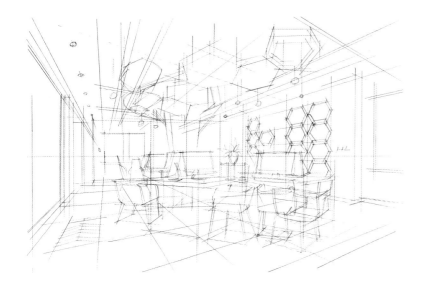

步骤三

步骤四

步骤五

案例五

参考效果图

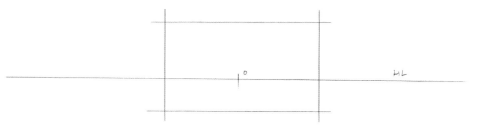

步骤一

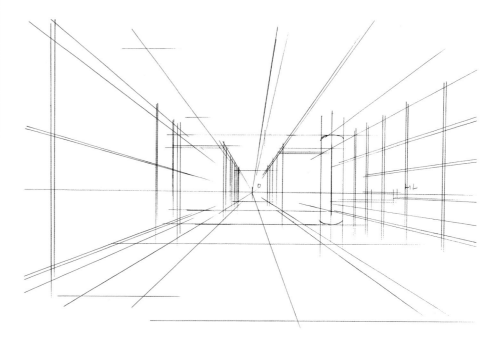

步骤二

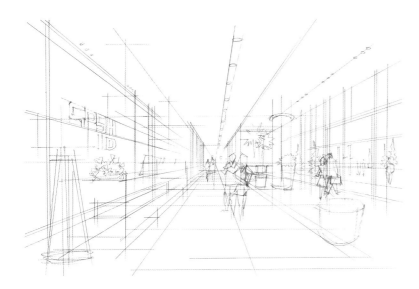

步骤三

步骤四

步骤五

案例六

参考效果图

步骤一

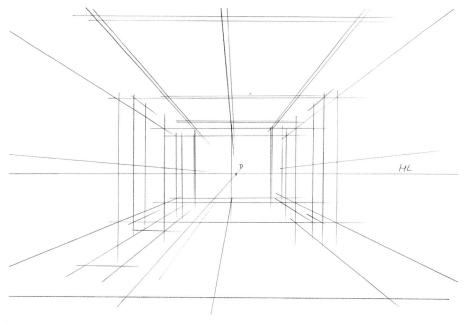

步骤二

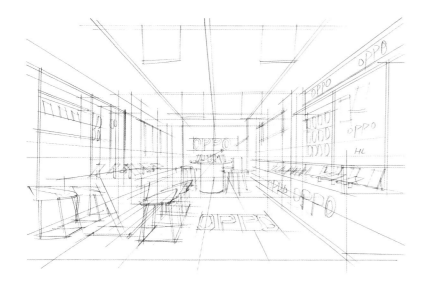

步骤三

步骤四

步骤五

案例七

参考效果图

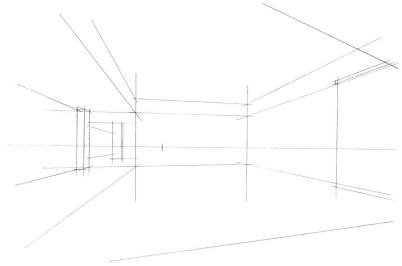

步骤一

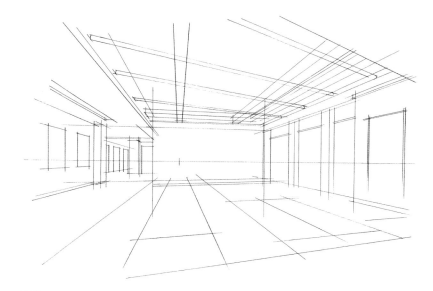

步骤二

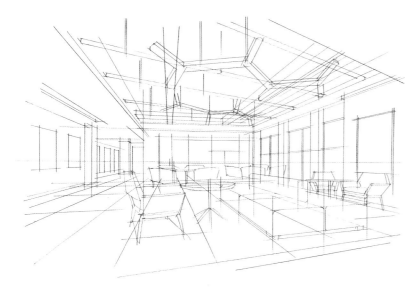

步骤三

步骤四

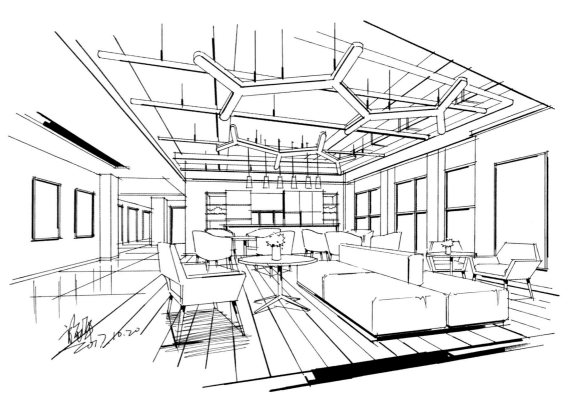

步骤五

第四节　餐饮空间案例

案例一

参考效果图

步骤一

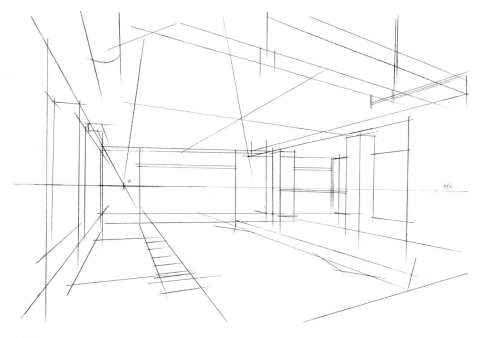

步骤二

步骤三

步骤四

步骤五

案例二

参考效果图

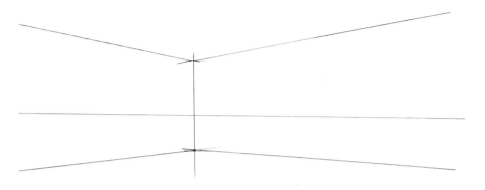

步骤一

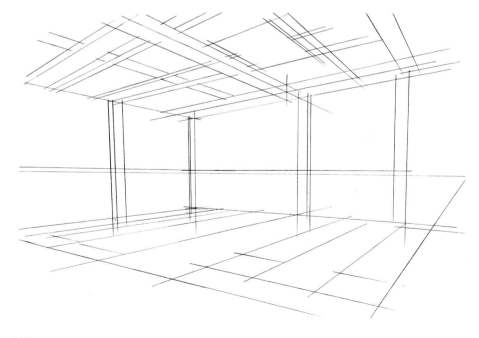

步骤二

步骤三

步骤四

步骤五

案例三

参考效果图

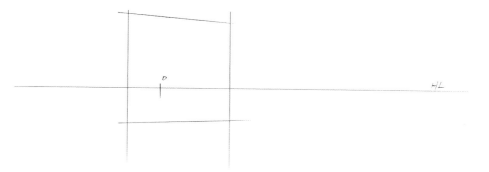

步骤一

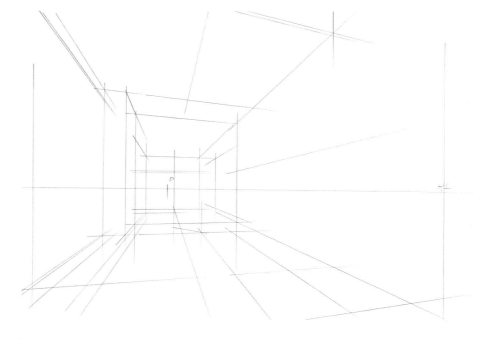

步骤二

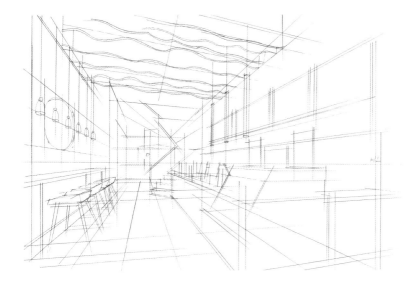

步骤三

步骤四

步骤五

案例四

参考效果图

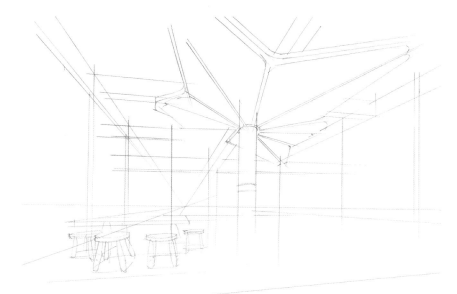

步骤一

步骤二

步骤三

步骤四

步骤五

案例五

参考效果图

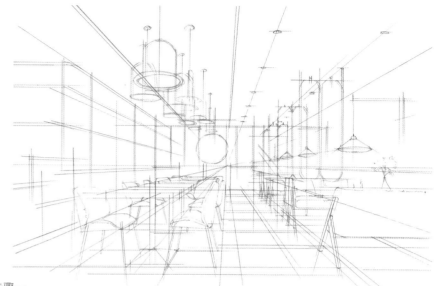

步骤一

步骤二

步骤三

步骤四

步骤五

案例六

参考效果图

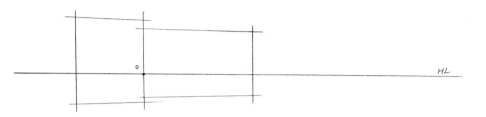

步骤一

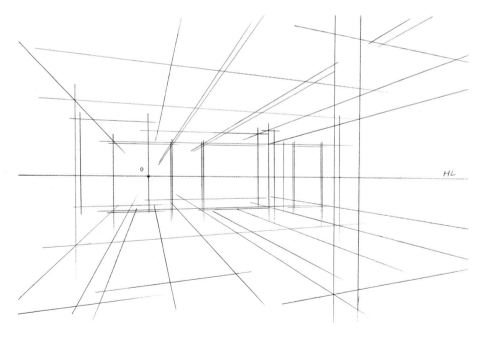

步骤二

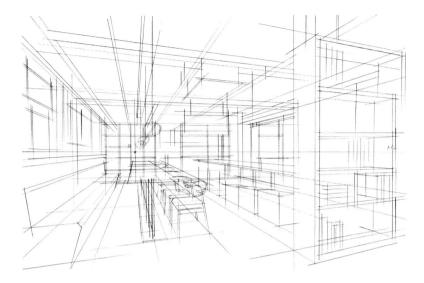

步骤三

步骤四

步骤五

案例七

参考效果图

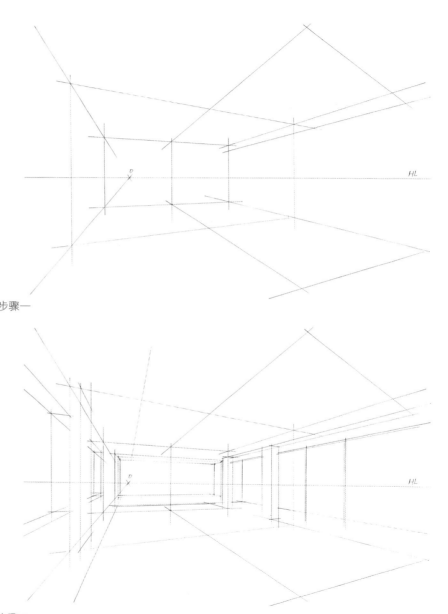

步骤一

步骤二

步骤三

步骤五

步骤四

第五节　线稿案例欣赏

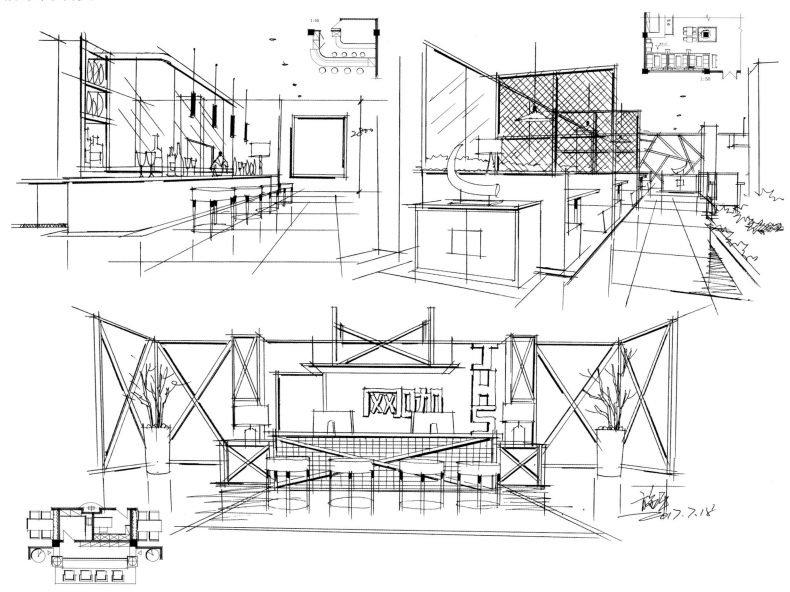

第三章

上色
基础篇

第一节　色彩基础

一、色彩的三要素

学习上色前，要了解色彩的构成要素。

1. 色相：就是色彩所呈现的相貌，通常以色彩的名称来体现，如红、黄、蓝等。以 TOUCH 马克笔为例，其色号的数值命名就是按照色相来制作的。

2. 明度：又称亮度、光度，指色彩的明暗深浅程度，是所有色彩都具有属性。明度关系是搭配色彩的基础。明度变化会给空间带来层次感。无彩色中，白色明度最高，黑色明度最低。有彩色中黄色的明度最高，蓝紫色的明度最低。总的来说，亮色明度高，暗色明度低。

3. 纯度：又称彩度、饱和度，指色彩的纯净程度，它表示颜色中所含有色成分的比例，比例越高，纯度越高。在光谱中，各单色光是纯度最高的颜色。马克笔中的红色纯度高，橙、黄、紫等色纯度相对较高，蓝绿色纯度相对较低。

灰色系

以常见的 TOUCH 马克笔为例，其灰调色号有 CG、WG、BG、GG 四种常用，数字越大，灰度越深。一般马克笔上色叠加也是依照这样的明度由浅及深来叠加。

二、降低纯度的方法

1. 叠加深灰色或黑色，灰色越深，纯度越低，环境影响灰度。

2. 叠加纯浅灰色，覆盖次数越多，纯度越低，趋向黑、白、灰。

3. 叠加对比色，加入越多，纯度越低，趋向灰色。

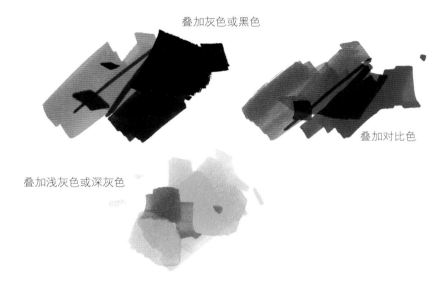

叠加灰色或黑色

叠加对比色

叠加浅灰色或深灰色

马克笔降低纯度的方法

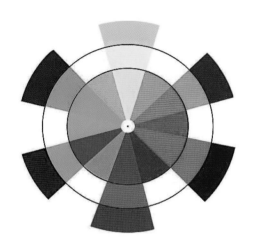

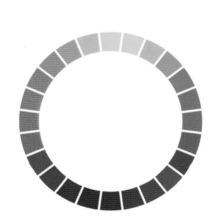

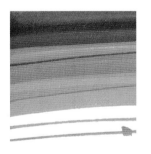

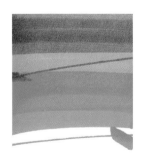

加入中度灰色降低一半纯度

三、配色

马克笔配色主要结合同类色、近似色、对比色、互补色、混合色等来完成。

1. 同类色：指色相距离 15° 以内的颜色，在色相中对比最弱。色相性质相同，但色度有深浅之分。

2. 近似色：指色相距离 30° 左右的颜色，在色相中对比较弱。色相上差别很小，比较好搭配，不容易画乱。

3. 对比色：指色相距离 120° 左右的颜色，在色相中对比较强。色彩对比效果鲜明、强烈，具有饱和、华丽、欢乐、活跃的感情特点，容易使人兴奋、激动，但也易产生不协调感，不好掌握。

4. 互补色：指色相距离 180° 的颜色，在色相中对比最强，能使色彩对比达到最大的鲜明度。互补色对比可以用来改变单调、平淡的色彩效果，但是处理不当极易造成杂乱、刺激、生硬等感觉。

5. 混合色：是指两种或多种颜色混合在一起产生一种新的颜色。当然不宜混合太多颜色，这样会使其无色，甚至成为黑色。马克笔表现常用的配色方案，也是同样的道理，不论什么颜色，把握冷暖、对比、类似、深浅等要素，多尝试，会有意想不到的效果。

常见的有蓝红、蓝绿、蓝紫、蓝黄、蓝灰、红紫、红黄、红黑等任意性搭配。还可以结合笔法的搭配，画出不同的效果。

马克笔混色中，主要是加色，不像颜料可以调色，每支马克笔都已经是固定的色彩，只有混合加色才有效果。而且常常以加灰色和黑色多一点，还可以点状马赛克形式混合，例如室内空间多色瓷砖就是以马赛克多色混合表现出来的。

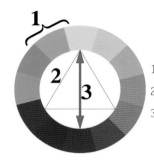

1. 近似色（色环中两个比较接近的颜色）

2. 对比色（120°）

3. 互补色（180°）

混合加纹理

混合互补色

混合加亮色

混合加灰色

第二节　笔法练习

一、基础笔法

像画线条一样，干画法笔触要求干脆、肯定、有力；湿画法笔触要求快速、反复叠加、肯定。

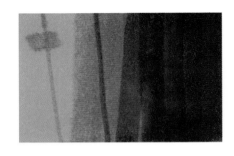

马克笔同类色的叠加过渡，还可以用彩铅结合，这样可以表现在某些材质上面，彩铅也具有一定的颗粒感，会产生不同的效果。

横竖方向叠加，一般干画法就是速度要快，这样第二次叠加依然会有笔触感。

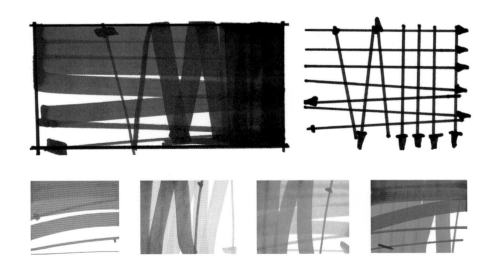

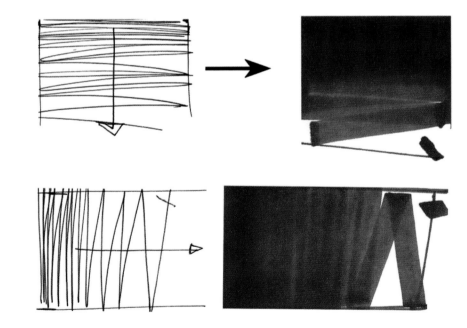

湿画法横向和竖向叠加，运笔速度要连续快速，而且要控制好两端，通过重复叠加，随着来回次数的减少，自然形成渐变色的效果。

二、平涂与侧锋

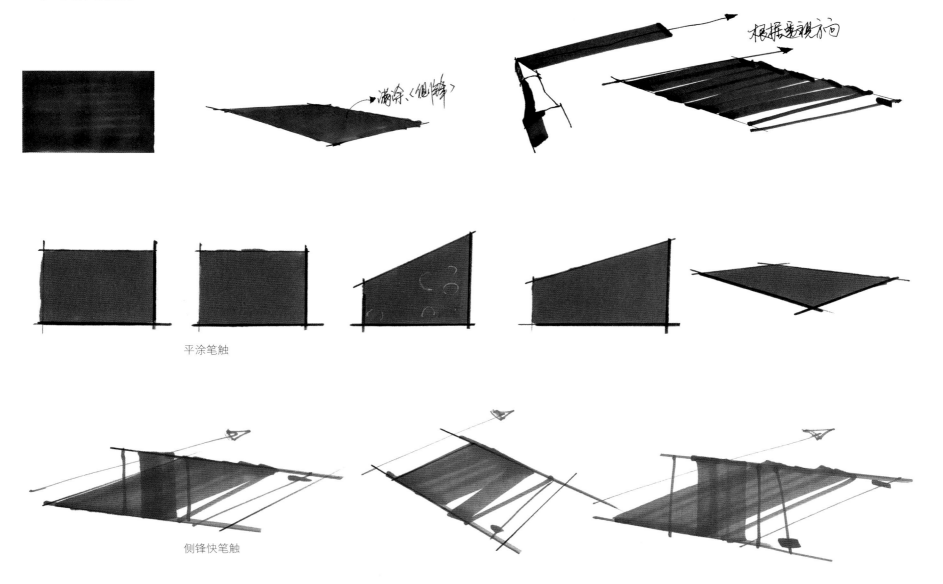

满涂〈侧锋〉

根据透视方向

平涂笔触

侧锋快笔触

三、随意性的碎笔与短笔触

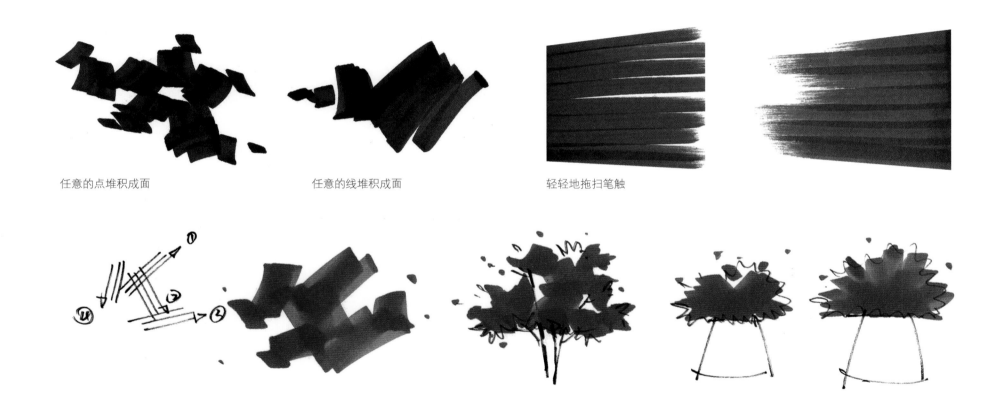

任意的点堆积成面　　　　　　　　任意的线堆积成面　　　　　　　轻轻地拖扫笔触

不论有多少种笔触、笔法，还是需要勤加练习才能很好地掌握马克笔的运笔，所有的上色都是建立在这些基础之上的。

第三节 体块练习

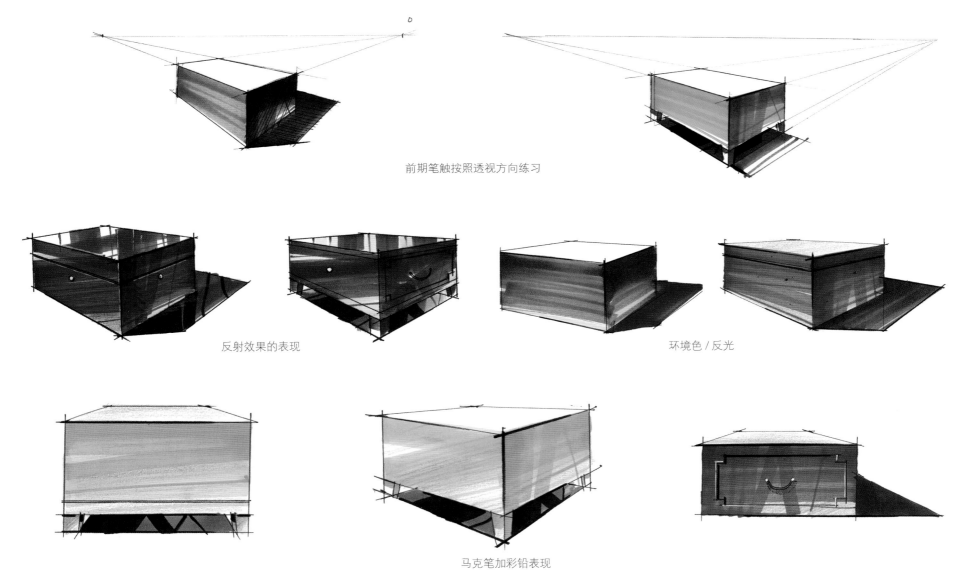

前期笔触按照透视方向练习

反射效果的表现   环境色 / 反光

马克笔加彩铅表现

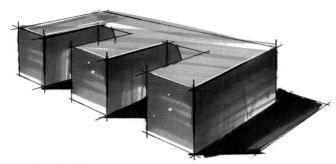

法卡勒：168+180+（280 阴影）

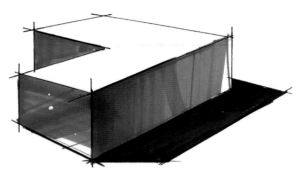

法卡勒：94+（258 阴影）

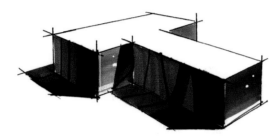

法卡勒：280+194+（280+191 阴影）

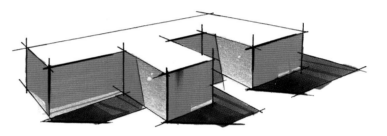

法卡勒：140+（255+256 阴影）

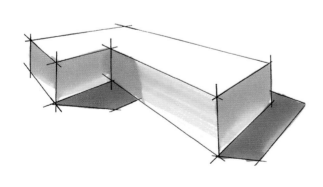

法卡勒：262+253+（270 阴影）

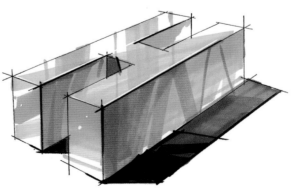

法卡勒：143+144+（264+191 阴影）

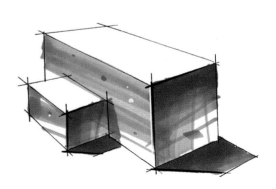

法卡勒：125+（272 阴影）

第四节　材质练习

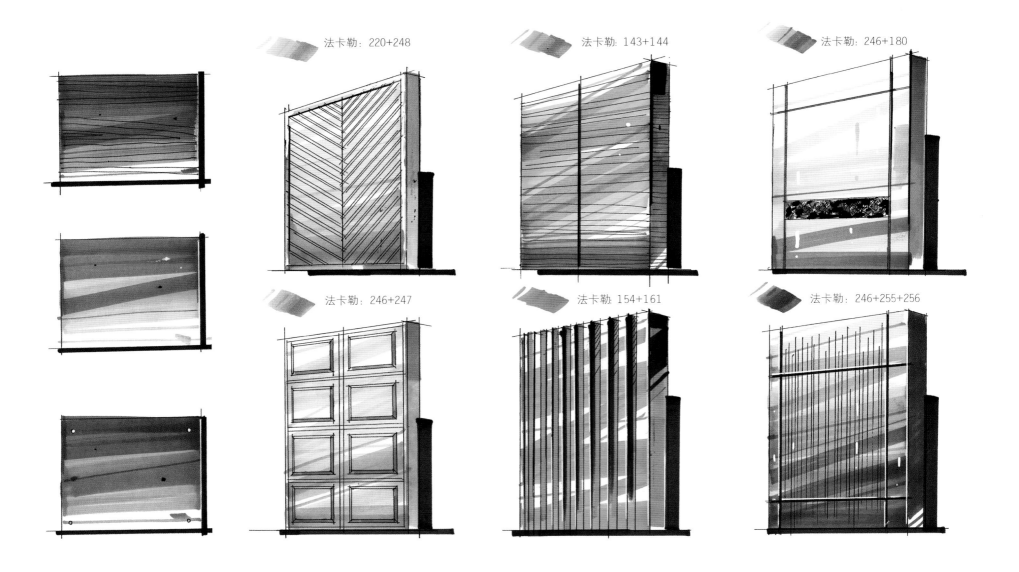

法卡勒: 220+248

法卡勒: 143+144

法卡勒: 246+180

法卡勒: 246+247

法卡勒: 154+161

法卡勒: 246+255+256

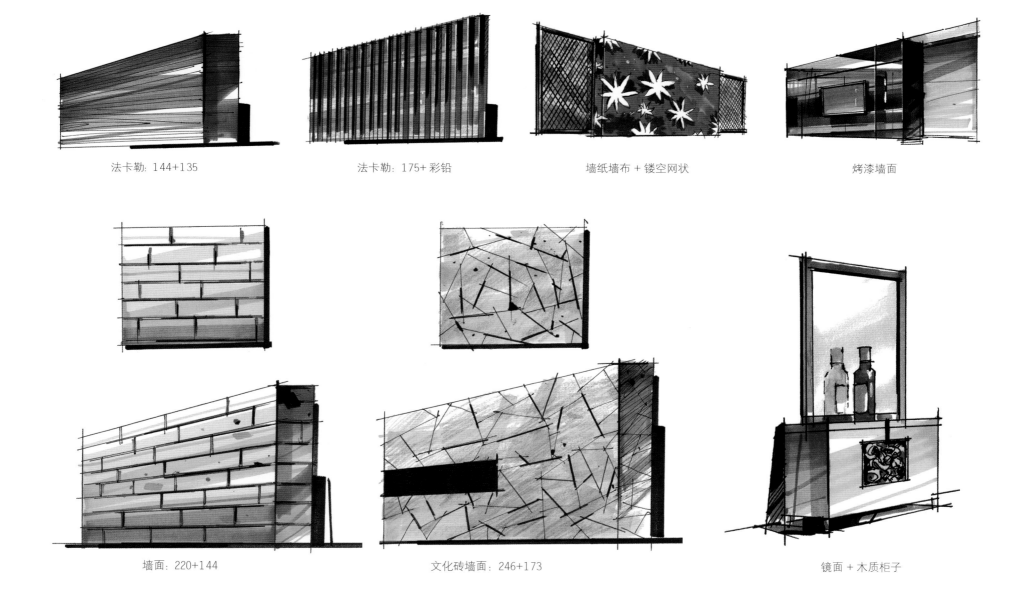

法卡勒: 144+135

法卡勒: 175+ 彩铅

墙纸墙布 + 镂空网状

烤漆墙面

墙面: 220+144

文化砖墙面: 246+173

镜面 + 木质柜子

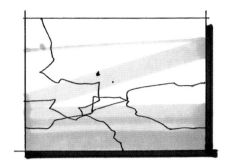

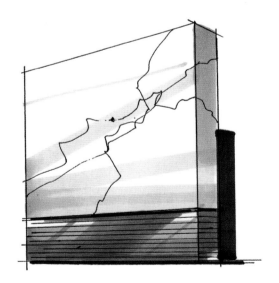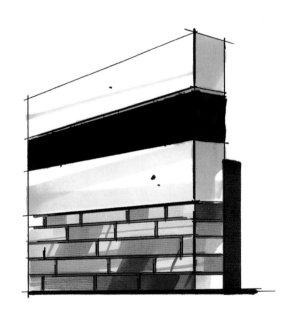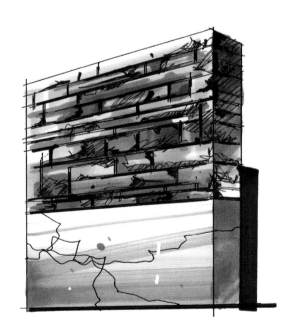

（278 石材墙面）+（168 木色）　　　　173+154+（137/207/210 砖面）+235（蓝色）　　　　（63+64+279 青石砖面）+（246+254 石材）

石材墙面：269+270+271   大理石墙面：253+254+255

第五节　单体练习

结合基础理论及体块上色，进行单体上色练习。首先，用笔一定要肯定，对马克笔色号不熟练者，提前做好一张色卡，比照着颜色找笔，后期熟悉了就可以不用色卡了。

建议初学者从最简单的单体着手，前期要求工整、细腻，笔触干脆一些，注意黑、白、灰关系的处理。

一、单体上色案例（一）

从最简单的由体块演变而来的沙发着手，因为其没有太多的形体变化。马克笔选色以常用的灰色为主色，因为灰色好控制，没有颜色的混合，没有色彩的叠加，也就是单色系的黑、白、灰的变化，初学者比较容易接受且不会画乱，同时练习了马克笔笔法、笔触等。

需要强调的是，刚开始学，尽量要涂得平整，不要看到很多好的作品画得很放松，就一味去学，要稳扎稳打，一步一步慢慢来。

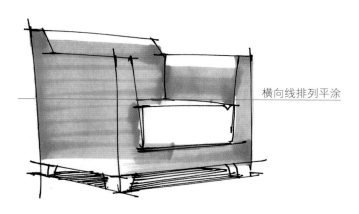

横向线排列平涂

步骤二：用 WG3 号横向排线平涂沙发的扶手和靠背。

步骤四：用 BG3、97 号分别将沙发坐垫、凳脚着色，坐垫注意中间稍微重一点，左右颜色轻一点。

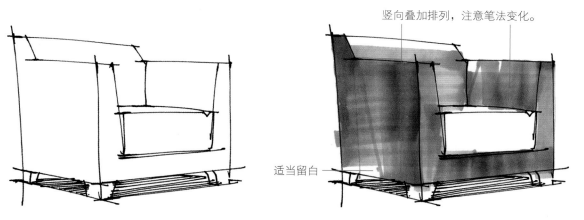

竖向叠加排列，注意笔法变化。

适当留白

步骤一：画好线稿，准备好马克笔，此图用 TOUCH 马克笔为主。

步骤三：等稍微干一点，用 WG3 号把暗面依照形体横向、竖向叠加一遍，基本分出明暗。

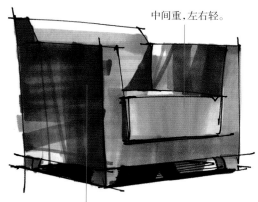

中间重，左右轻。

强调转折的地方，也就是明暗交界线。

步骤五：最后加强暗部，用 WG5、96、CG5、120 号。注意整块大暗面的处理，不能全部涂满，要留出反光的变化，投影的处理也是用 CG5 号平涂，用 120 号在中间最重的地方加强一下即可。

二、单体上色案例（二）

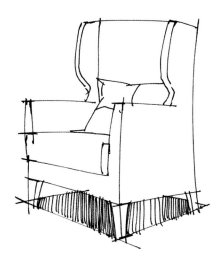

步骤一：画好线稿，马克笔上色尽量不要把明暗用线条画得太满，此图用 KAKALE 马克笔。

步骤三：坐垫用 36 号轻轻扫一遍，抱枕、投影平涂，抱枕受光面留白，用 96 号加强凳脚暗面。

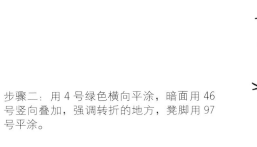

步骤二：用 4 号绿色横向平涂，暗面用 46 号竖向叠加，强调转折的地方，凳脚用 97 号平涂。

步骤四：用 43 号强调暗面，突出光感，投影再用 120 号强调一下。

三、单体上色案例（三）

步骤一： 画好线稿，马克笔上色尽量不要把明暗用线条画得太满，此图用 TOUCH 马克笔，加彩铅。
步骤二： 根据沙发造型，可以自由排列马克笔笔触，强调转折面，大量留白。
步骤三： 用 21 号画凳脚，稍微留白，用 BG5 号继续根据形体、明暗处理，用笔要放松。
步骤四： 用 120 号强调转折和投影，再结合彩铅，选一支相近的蓝色和木色彩铅在留白的地方轻轻平扫。

步骤一： 画好线稿，欧式沙发细节比较多，要尽量简化，适合局部上色，此图用 KAKALE 马克笔。
步骤二： 用 1 号为沙发坐垫、扶手、靠背简单着色，用笔要放松。
步骤三： 用 WG3 号刻画扶手上面装饰灰面及投影。
步骤四： 用 WG5 号继续强调暗面，用 WG7 号刻画沙发大的暗面，用 36 号点缀，用 120 号强调转折和投影。

四、单体上色案例（四）

在熟练沙发单体上色以后，可以结合照片写生，对照实际照片颜色模拟材质、光影变化。

例如，一个一点透视的布艺沙发，其表现的光感是特别明显的，所以在写生的时候，要注意线稿表现得略简单，褶皱表现出来即可，不用去画很多的阴影线条和光影的变化。相对来讲，颜色适合灰色，但由于其受光的影响所以偏黄。

看手绘表现图，选用 TOUCH 马克笔的 36、WG3、WG5 号作为沙发布艺的颜色，凳脚则为常用的 TOUCH 马克笔的 97 号颜色，投影选冷灰色，跟沙发暖色进行对比，这样更加突出沙发的表现。

例如，一个比较有现代感的成角透视电脑椅，特点是简约，有坐垫、靠背、扶手和凳脚。

画好线稿后，选用 TOUCH 马克笔，靠背用 70 号，坐垫用 BG5 或 BG7 号，扶手及凳脚用 CG3 或 CG5 号，最后阴影用 WG3 或 120 号稍做光线处理即可。

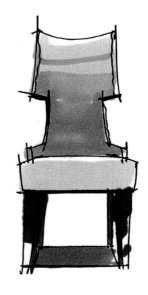

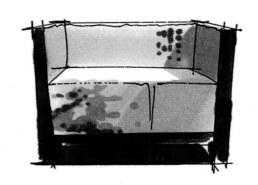

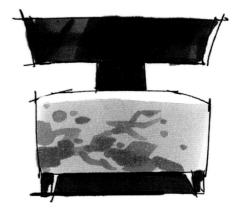

第六节　组合练习

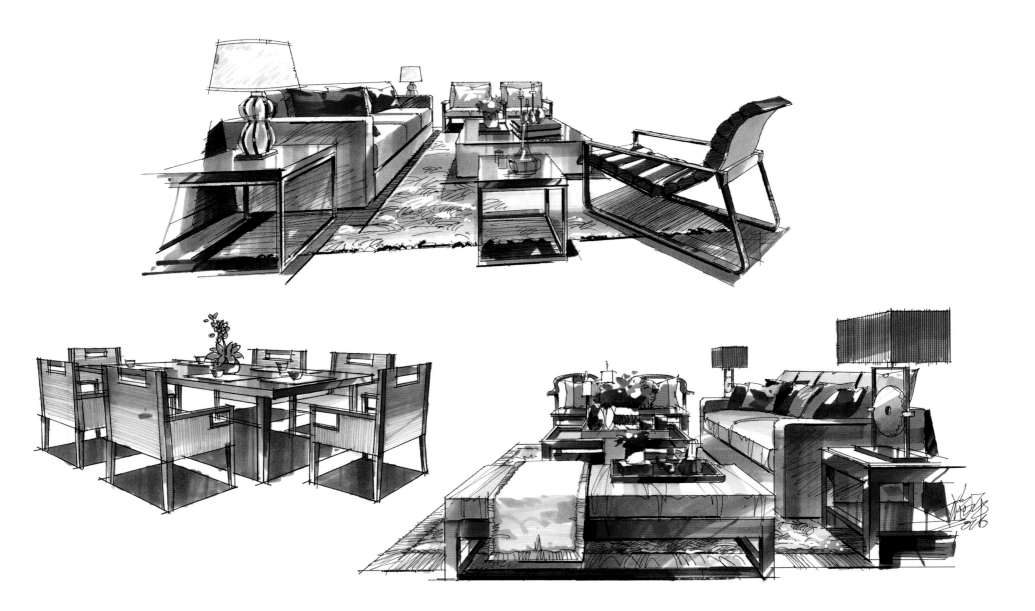

第四章

上色
案例篇

第一节　客厅案例

案例一

线稿图

局部细节

步骤一：这张图是从局部的家具单体开始上色的。在练习的时候，也可以尝试一下这样的局部上色，从自己感兴趣的地方开始。

步骤二：画出大面积木色，如沙发背景的木色和一些柜体等（法卡勒175号等木色）、地砖和电视背景墙材质的灰色（法卡勒253、254号），注意笔触不要太平，要有一些反射笔触叠加。

步骤三：在局部每一个区域及家具等上完色后，要回归整体，把空间整体色调中和到一起，不然会显得很突兀。

步骤四：软装配饰上色及局部画面调整，以及重色的添加，不要影响之前画过的大面积颜色（不要叠加次数太多，也不要叠加颜色太多）。

案例二

局部细节

线稿图

步骤一：从基础浅色灰调着手，用法卡勒 38、63 号两支浅灰色，铺出画面里的浅灰调，注意笔触变化。

步骤二：在上一步的基础上，用黄木色（法卡勒 246 号）画出电视柜和其他柜体木质家具等，顶面用 253 号大面积按透视方向大笔触排列。

步骤三：整体空间环境的整合，把画面中色调进行叠加，将家具、墙体等全部衔接起来，使得更有整体感。

步骤四：软装配饰上色及局部调整、细节刻画，注意添加重色。

案例三

线稿图

局部细节

步骤一：从顶面、地面浅色灰调着手，用法卡勒 253 号浅灰色，铺出画面大概的浅灰基调，注意笔触变化。吊顶略简。

步骤二：用黄木色（法卡勒 247 号）画电视背景墙、门线及其他有木色的地方，用 BG3 号画出主体沙发、电视和玻璃等。

步骤三：用色调的叠加将整体空间环境整合。

步骤四：软装配饰上色及局部调整、细节刻画。

案例四

局部细节

线稿图

步骤一

步骤二

步骤三

步骤四

案例五

局部细节

线稿图

步骤一

步骤二

步骤三

步骤四

第二节　卧室案例

案例一

线稿图

局部细节

步骤一：用淡黄色（法卡勒 246 或 220 号）画木质基础色，平铺颜色。

步骤二：用浅灰色（法卡勒 253 号）画中间灰调，注意不能涂太平，要有笔触变化。

步骤三：固有木色的叠加，用法卡勒 175、180 号两支木色笔，添加窗户玻璃色（法卡勒 85 或 86 号）、床单的暖灰色（法卡勒 38 号）。

步骤四：调整局部、刻画细节。

案例二

线稿图

局部细节

步骤一：选好关键的淡色笔，这一张小孩房主要用法卡勒 38、270 号。

步骤二：床的背景墙是艺术墙纸，基本满涂，需要特别注意。这张图中蓝色笔有点干，所以还是看到很多笔触，尽量保持平涂为宜。

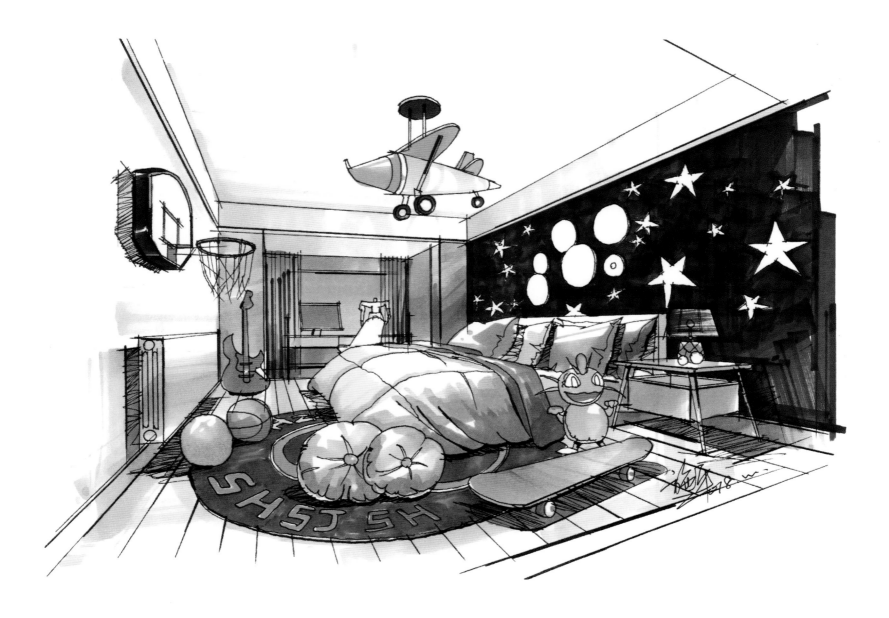

步骤三：使画面整合，空间基本完善，家具等装饰品要相应跟上，但是注意不要去加重色。

步骤四：细节刻画，局部重色的强调，不要影响之前画过的大面积颜色。

案例三

局部细节

线稿图

步骤一

步骤二

步骤三

步骤四

第三节 办公空间案例

案例一

局部细节

线稿图

步骤一：用法卡勒 246 号画出墙体底色，干画法与湿画法相结合使用，不要涂得过多。

步骤二：用法卡勒 253、254 号中和基调底色，使空间有组合整体感。

步骤三：内墙红色平涂，窗户玻璃质感要体现通透，不要颜色过深，灯具主色可以平涂，这一步主要是中和之前画的。

步骤四：办公桌椅上色及局部细节刻画。

案例二

局部细节

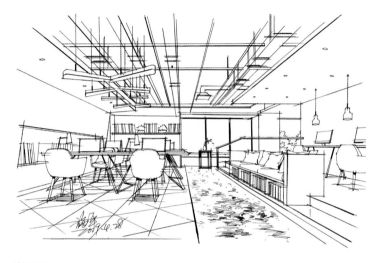

线稿图

步骤一

步骤二

步骤三

步骤四

案例三

局部细节

线稿图

步骤一

步骤二

步骤三

步骤四

案例四

线稿图

局部细节

步骤一：为木质面板及部分柜子着色，主色用绿色加以辅助，用法卡勒 246、27 号，局部画时要注意笔触变化。

步骤二：画浅灰色基调，以保证画面统一协调，顶面、柜体等用法卡勒 269、270 号。

步骤三：用中间色调过渡，用法卡勒 253 号在之前的基础上部分叠加过渡，然后用 96 号画玻璃材质及吧椅的区域。

步骤四：陈设摆件上色及局部调整，注意重色在局部叠加时，不要影响之前画过的大面积颜色。注意整个画面的协调统一。

第四节 餐饮空间案例

案例一

线稿图

局部细节

步骤一：整体用法卡勒 262 号铺出画面的浅灰调，注意笔触变化。

步骤二：加入大面积的木色（法卡勒 246 号）、绿植（法卡勒 27 或 44 号）。

步骤三：注意整体感的体现和画面整体的衔接。绘画速度相对之前两步会慢一些。

步骤四：整体调整画面，细节刻画及重色叠加，表现出黑、白、灰的层次。

案例二

线稿图

局部细节

步骤一：用浅黄色（凡迪 70 号）满图地随意拉笔触，主要是铺出整个环境里淡黄色的光线效果。

步骤二：原始裸露的顶面用中色（法卡勒 255、279 号）的灰去画，卡座、餐椅等物体稍加一些主色。

步骤三：注意画面空间的整合及家具、配饰等物体的上色，迎合整个空间的氛围，为下一步整体调整画面作铺垫。注意这一步颜色不要画得太重。

步骤四：刻画细节，注意重色的添加和空间光影的表达，不要全覆盖，局部覆盖即可。

案例三

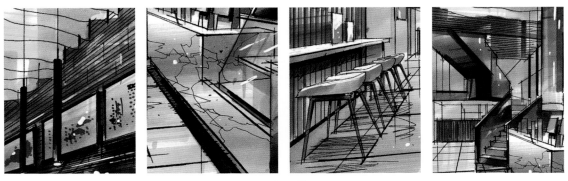

局部细节

线稿图

步骤一：灰色基调加材质木色背景用法卡勒 253、175 号，整体大面积运笔画出即可。

步骤二：顶面（法卡勒270号）以及里面楼梯的上色，要尽量平涂，楼梯的不锈钢材质要画出一点反射线，地面及操作台的区域要衔接好。

步骤三：注意画面的协调、联系和木质中色调的叠加，可以找比之前略重一些的颜色笔来叠加，以木色来衬托整个空间造型顶部的浅灰亮度。

步骤四：调整局部、刻画细节，添加重色。

案例四

局部细节

线稿图

步骤一

步骤二

步骤三

步骤四

案例五

局部细节

线稿图

步骤一：大面积找相同材质的区域画，木质基色用法卡勒 167 号，内墙及顶面用法卡勒 262 号快速画完。

步骤二：中间色的过渡及简单的光影表达，木质（法卡勒 175 号）、地毯（法卡勒 235、39 号）简简单单地叠加过渡一下即可。

步骤三：所有涉及环境影响的物体都需要在这一步体现，协调整体画面以便最后的局部调整，注意不要把前面画的都覆盖了。

步骤四：这一步给家具配饰上色，调整局部、刻画细节，注意重色的叠加，把握画面的光感和材质的体现。

第五节 上色案例欣赏